ROYAL BRAIN BOX LIMITED
è un
Azienda educativa intesa a promuovere lo studio della matematica in tutte le ramificazioni e sono i soli proprietari del SAPORE DI MATEMATICA

L'APP FLAVOR OF MATHEMATICS sarà disponibile su Google Play Store e IOS entro luglio 2020.

Risolvi la domanda, controlla le risposte e le soluzioni in questo libro.

RICONOSCIMENTO

Voglio apprezzare i miei cari, i miei colleghi e amici di matematica per avermi mostrato cura, amore, sostegno e affetto nei confronti della pubblicazione di questo libro. Rimarrete per sempre tutti cari nel mio cuore.

Tutti i miei follower e amici su Instagram, pagina Facebook e Twitter, grazie per il vostro incoraggiamento, e-mail e supporto, ringrazio e ringrazio tutti voi per i vostri commenti positivi.

Dalla stalla della piattaforma del

ROYAL BRAIN BOX LIMITED

GUSTO

DI

MATEMATICA

Domande, risposte e soluzioni
su
INDICI

TEMITOPE JAMES
Autore e matematico
IG: matematico

DEDIZIONE

Dedico anche questo libro alla mia adorabile figlia (Esther James) e al figlio (sapore James). Il sorriso sui tuoi volti mi dà gioia per apprezzare sempre la tua presenza nella mia vita.

Dedico anche questo libro a tutti i matematici devoti che si sono presi il loro tempo per contribuire al successo dell'EDUCAZIONE MATEMATICA in tutto il mondo.

IL NOSTRO MESSAGGIO A TUTTI GLI STUDENTI E LE PERSONE

DAL **SAPORE DI MATEMATICA**

M = *A molte persone non piaccio perché pensano che anch'io lo sia*

difficile

UN = *Tutto sarà incompleto senza di me*

T = *Prova a esercitarmi e ti abituerai a me*

H = *Che tristezza provano alcune persone quando sentono parlare di me*

E = *Impiegami e scopri che sono unico tra tutti gli altri corsi*

M = *Molte soluzioni per me ai miei problemi matematici*

UN = *Almeno aiuto quelli che lavorano con me*

T = *Provami e sarai grande tra uguali*

io = *Ti farà bene se ti concentri su di me*

C = *Vieni da me e sarai bravo in tutti i calcoli*

S = *Studia me e ti renderai conto che non sono difficile come pensi.*

Domande, risposte e soluzioni su INDICI

Sapore di matematica *Temitope James*

1. Che cos'è $192x^6 \div 32x^3$?

    (a) $6x$ (b) $6x^2$ (c) $6x^9$ (d) $6x^3$

    soluzione

    Nella legge degli indici;
    $$^{192}/_{32} (x^{6-3})$$
    diventa $6x^3$

    Nota: controllare la legge degli indici per chiarimenti

2. Che cos'è $3a^3 \times 2a^2$? (a) $6a$ (b) $1.5a^5$ (c) $6a^3$ (d) $6a^5$

    soluzione

    Nella legge degli indici,
    $$(3 \times 2)(a^{3+2})$$
    diventa $6a^5$

    Nota: controllare la legge degli indici per chiarimenti

3. Che cos'è $4^2 \div 4^2$? (a) 0 (b) 1 (c) 2 (d) 3

    soluzione

    Nella legge degli indici,
    poiché ne abbiamo 4 come identità della domanda
    $$4^{(2-2)}$$
    Quindi (4^0)
    diventa 1

    Nota: nella Legge degli indici, tutto ciò che aumenta al potere zero è uno. Controlla la legge degli indici per chiarimenti

Sapore di matematica   *Domande, risposte e soluzioni su INDICI*   *Temitope James*

4. $(729/64)$ aumentare al potere $1/6$ ci darà;

     (a) $2/3$ (b) $3/2$ (c) 3 (d) $\frac{1}{2}$

soluzione

La domanda è interpretata come

$$\frac{729^{1/6}}{64^{1/6}}$$

diventa

$$\frac{(3^6)^{1/6}}{(2^6)^{1/6}}$$

Perciò

$$\frac{(3^{\cancel{6}})^{\cancel{1/6}}}{(2^{\cancel{6}})^{\cancel{1/6}}}$$

La risposta finale è $3/2$

Domande, risposte e soluzioni su INDICI

Sapore di matematica *Temitope James*

5. Che cos'è 6^{-1}?   (a) 5   (b) $3/2$ (c) $1/6$ (d) 6

soluzione
Nella legge degli indici
6^{-1} *è indicato come* $1/6$.
La risposta è $1/6$

6. Che cos'è $2^{-2} \div 2^3$?   (a) $1/16$ (b) $1/8$ (c) 8   (d) $1/32$

soluzione
Nella legge degli indici,
poiché abbiamo 2 come identità della domanda
$2^{(-2-3)}$
Quindi (2^{-5})
diventa $(1/2^5)$
Pertanto, la risposta finale è $1/32$
Nota: controllare la legge degli indici per chiarimenti

Domande, risposte e soluzioni su INDICI

Sapore di matematica   *Temitope James*

7. Che cos'è $(4a^3) \times (4a^6)^{-2}$?

       (a) $1/4a^6$ (b) $1/4a^9$ (c) $1/4a^3$ (d) $1/2a$

soluzione

Nella legge degli indici,

$$(4a^3) \times \frac{1}{(4a^6)^2}$$

diventa $\dfrac{4 \times a^3}{4 \times 4 \times a^6 \times a^6}$

Poi $\dfrac{1 \times 1}{4 \times a^3 \times a^6}$

Quindi $\dfrac{1 \times 1}{4 \times a^{3+6}}$

diventa $1/4a^9$. Pertanto, la nostra risposta finale è $1/4a^9$

Nota: controllare la legge degli indici per chiarimenti

8. . Che cos'è $4x^2/16x^3$?   (a) $1/2x$ (b) $1/4x^2$ (c) $1/4x$ (d) $\frac{1}{4}$

soluzione

Nella legge degli indici

$$\frac{4x^2}{16x^3}$$

diventa $\dfrac{4 \times x \times x}{4 \times 4 \times x \times x \times x}$

La risposta finale all'espressione sopra è $1/4x$

Nota: controllare la legge degli indici per chiarimenti

Domande, risposte e soluzioni su INDICI

Sapore di matematica   *Temitope James*

9. Che cosa è $(81)^{\frac{1}{4}}$?   (a) 1   (b) 2   (c) 3   (d) 4

soluzione

Nella legge degli indici

$81^{1/}$ sequel di 3^4

dventa

$$\frac{1/4}{3^4}$$

Pertanto, la risposta finale è 3

Nota: controllare la legge degli indici per chiarimenti

10. Che cosa è $y^0 \times y^0$?   (a) -1   (b) 0   (c) 1   (d) 2

soluzione

$y^0 \times y^0$

Nella legge degli indici,

poiché abbiamo y come identità della domanda

$y^{(0-0)}$

Quindi (y^0)

diventa 1

Nota: nella Legge degli indici, tutto ciò che aumenta al potere zero è uno. Controlla la legge degli indici per chiarimenti

Domande, risposte e soluzioni su INDICI

Sapore di matematica *Temitope James*

11. $(729/4096)$ aumentare al potere di $-1/6$, la nostra risposta è ....
(a) $3/4$ (b) $4/3$ (c) $2/3$ (d) $3/2$

soluzione
Nella legge degli indici
$$\frac{729^{1/6}}{4096^{1/6}}$$
diventa
$$\frac{3^{6 \cdot 1/6}}{4^{6 \cdot 1/6}} = 3/4$$

La risposta finale è $3/4$.

Nota: nella Legge degli indici, tutto ciò che aumenta al potere zero è uno. Controlla la legge degli indici per chiarimenti

12. Che cosa è 4^{-2}? (a) 2 (b) $1/16$ (c) $1/2$ (d) $1/8$

soluzione
Nella legge degli indici
4^{-2} è scritto come $\dfrac{1}{4^2}$

La risposta finale è $1/16$

Domande, risposte e soluzioni su INDICI

Sapore di matematica *Temitope James*

13. Che cosa è $a^{-2} b^3$?   (a) $1/a^2 b^3$ (b) a^2/b^3 (c) b^3/a^2 (d) a^2/b^3

soluzione

Nella legge degli indici

L'espressione per a^{-2} è $1/a^2$.

$a^{-2} b^3$ è sequel di $1/a^2 \times b^3 = b^3/a^2$.

la risposta finale è b^3/a^2

Nota: controllare la legge degli indici per chiarimenti

14. Che cosa è $(6^2)^{-3}$?   (a) 6^3 (b) 6^{-6} (c) 6^{-3} (d) 6^{-5}

soluzione

Nella legge degli indici

L'espressione per $(6^2)^{-3}$ significa semplicemente la moltiplicazione $(6^{2 \times -3})$ diventa (6^{-6}).

Pertanto, la risposta finale è (6^{-6})

15. Che cosa è $3a^3 \times 4a^3$?   (a) 12 (b) $12a^7$ (c) $12a^6$ (d) $1/12a^6$

soluzione

Nella legge degli indici,

$(3 \times 4)(a^{3+3})$

diventa $12a^6$

Nota: controllare la legge degli indici per chiarimenti

Domande, risposte e soluzioni su INDICI

Sapore di matematica   Temitope James

16. Che cosa è $\dfrac{64^{1/6} \times 125^{2/3}}{100^{1/2}}$**?**   (a) 2   (b) 3   (c) 4   (d) 5

soluzione

La domanda è espressa in questo modulo

$$\dfrac{64^{1/6} \times 125^{1/6}}{100^{1/2}}$$

diventa

$$\dfrac{2^{6 \cdot 1/6} \times 5^{3 \cdot 2/3}}{10^{2 \cdot 1/2}} \text{ diventa } \dfrac{2 \times 25}{10} = \dfrac{50}{10} = 5$$

La risposta finale è 5

Nota: controllare la legge degli indici per chiarimenti

17. Che cosa è $3^3 = 3^x$**?**   (a) 3   (b) 2   (c) 1   (d) 0

soluzione

Nella legge degli indici

$$3^3 = 3^x$$

(3 è il termine comune nell'espressione, entrambi 3 vengono cancellati per rendere x = 3), quindi x = 3   Nota: controllare la legge degli indici per chiarimenti

Domande, risposte e soluzioni su INDICI

Sapore di matematica   *Temitope James*

18. Che cosa è $3^{-2} \times 3^0 \times 81$?   (a) $1/9$ (b) 9   (c) 3^{-3} (d) $1/81$

soluzione

Nella legge degli indici

L'espressione $3^{-2} \times 3^0 \times 81$ è interpretato come

$$\frac{1}{3^2} \times 3^0 \times 81$$

diventa $1/9 \times 3^0 \times 81$

quindi; $3^0 \times 9$

(Qualunque aumento alla potenza di zero è 1 nella legge degli indici). Pertanto, la risposta è 9

Nota: controllare la legge degli indici per chiarimenti

19. Che cosa è $(1/b^{-1} \div 1/a^{-1}) \times a/b$?   (a) 1   (b) 2b   (c) $9/b$ (d) b/a

soluzione

Nella legge degli indici

$$(1/b^{-1} \div 1/a^{-1}) \times a/b$$

$(1/b^{-1} \div 1/a^{-1})$ viene interpretato come $(1 \div 1/b) \div (1 \div 1/a)$

$(1 \times b/1) \div (1 \times a/1)$ diventa b/a

Quindi; $b/a \times a/b = 1$

La risposta finale è 1

Nota: controllare la legge degli indici per chiarimenti

Domande, risposte e soluzioni su INDICI

Sapore di matematica *Temitope James*

20. Che cosa è $(4^0 + 4)^{-1}$? (a) 5 (b) $1/5$ (c) $1/25$ (d) 25

soluzione

Nella legge degli indici

L'espressione $(4^0 + 4)^{-1}$ è indicato come $(1 + 4)^{-1}$

Quindi, diventa $(5)^{-1}$

La risposta finale diventa $1/5$

Nota: controllare la legge degli indici per chiarimenti

21. Che cosa è $125^{-1/3} \times 5 \times 125^0$? (a) 0 (b) 1 (c) 2 (d) 3

soluzione

Nella legge degli indici

L'espressione $125^{-1/3} \times 5 \times 125^0$ è indicato come $(5^3)^{-1/3} \times 5 \times 125^0$; diventa $(5^{-1}) \times 5 \times 125^0$

Poi $1/5 \times 5 \times 125^0 = 1$

Pertanto, la risposta finale è 1

Nota: controllare la legge degli indici per chiarimenti

22. Che cosa è $x^3 = 4^3$? (a) 6 (b) $\frac{1}{4}$ (c) 4 (d) 3

soluzione

Nella legge degli indici

$$x^3 = 4^3$$

termine comune nell'espressione, entrambi 3 vengono cancellati per rendere $x = 4$), quindi $x = 4$

Nota: controllare la legge degli indici per chiarimenti

Domande, risposte e soluzioni su INDICI

Sapore di matematica   *Temitope James*

23. Che cosa è $32^{0.6}$?   *(a)* 4   *(b)* 6   *(c)* 8   *(d)* 2

soluzione

Nella legge degli indici

$$32^{0.6}$$

diventa 32 rilancio alla potenza di $3/5$

32 è indicato come 2^5 aumentare alla potenza di $3/5$

Perciò, $3/5$
                2^5

L'espressione sopra è indicata come 2^3 che alla fine diventa 8. La risposta finale è 8. Nota: controllare la legge degli indici per chiarimenti

24. La radice quadrata di $324a/9a$ è

     (a) 6   *(b)* $6a^4$ *(c)* $6a^3$ *(d)* $6a^2/a$

soluzione

$$\frac{324a}{9a}$$

diventa $\sqrt{36}$

Pertanto, la risposta è 6

Domande, risposte e soluzioni su INDICI

Sapore di matematica *Temitope James*

25. Semplifica $\dfrac{32^{1/5} \times 8^{1/3}}{4^{1/2}}$ (a) 1   (b) 2   (c) 3   (d) 4

soluzione

La domanda è espressa in questo modulo

$$\dfrac{32^{1/5} \times 8^{1/3}}{4^{1/2}}$$

Quindi; $\dfrac{2^{5 \cdot 1/5} \times 2^{3 \cdot 1/3}}{2^{2 \cdot 1/2}}$ diventa $\dfrac{2 \times 2}{2} = \dfrac{4}{2} = 2$

La risposta finale è 2

Nota: controllare la legge degli indici per chiarimenti

26. Trova x in $49^x - 7^x - 6 = 0$ (a) 1   (b) 2   (c) 3   (d) essuna

soluzione

L'espressione $49x - 7x - 6 = 0$ è indicata come

$(7^x)^2 - (7^x) - 6 = 0$ dove $(7^x) = a$

diventa $a^2 - a - 6 = 0$ che porterà a un'equazione.

Quindi; $a^2 - a - 6 = 0$

$a(a - 3) + 2(a - 3)$

$(a + 2)(a - 3)$

Il valore positivo dell'espressione è (a - 3) cioè 3.

La risposta finale è 3

Domande, risposte e soluzioni su INDICI

Sapore di matematica *Temitope James*

27. Semplificare $\dfrac{64^{1/2}}{64^{1/3}}$ (a) 1   (b) 2   (c) 3   (d) 4

soluzione

La domanda è espressa in questo modulo

$$\dfrac{64^{1/2}}{64^{1/3}} = \dfrac{8^{2 \cdot 1/2}}{4^{3 \cdot 1/3}} = \dfrac{8}{4} = 2$$

Nota: controllare la legge degli indici per chiarimenti

28. $\frac{1}{4}$ di 64 = x; che cos'è la radice quadrata x?

                         (a) 1   (b) 2   (c) 3   (d) 4

soluzione

$\frac{1}{4}$ di 64 = x;   x = 16

La radice quadrata di 16 è 4

29. La radice quadrata di $^{144x^2}/_{9x^4}$ è

     (a) $^4/_x$ (b) $6x^2$ (c) $4x^2$ (d) $^4/_{x^2}$

soluzione

$$\sqrt{\dfrac{144x^2}{9x^4}}$$

diventa $^{12x}/_{3x^2}$

Pertanto, la risposta è $^4/_x$

Domande, risposte e soluzioni su INDICI

Sapore di matematica   Temitope James

30. Trova x in $4^{x+2} \times 2^{2x+1} = 8^{x+2}$?   (a) 1   (b) 2   (c) 3   (d) 4

soluzione

Questa espressione $4^{x+2} \times 2^{2x+1} = 8^{x+2}$ è indicato come

$$2^{2(x+2)} \times 2^{(2x+1)} = 2^{3(x+2)}$$

Pertanto, $2^{2(x+2) + (2x+1)} = 2^{3(x+2)}$

Quando entrambi i 2 ai lati uguali si annullano, diventa

$$2(x+2) + (2x+1) = 3(x+2)$$

Quindi: $2x + 4 + 2x + 1 = 3x + 6$

$$4x + 5 = 3x + 6$$
$$4x - 3x = 6 - 5$$
$$x = 1$$

La risposta finale è 1

31. Risolvi $(0.064)^{-1/3} \times (0.64)^{-1/2} \times 10^{-1}$

(a) $16/5$ (b) $5/16$ (c) $\frac{1}{4}$ (d) $\frac{3}{4}$

soluzione

La domanda $(0.064)^{-1/3} \times (0.64)^{-1/2} \times 10^{-1}$ può essere indicato come

$$\left(\frac{8}{125}\right)^{-1/3} \times \left(\frac{16}{25}\right)^{-1/2} \times 10^{-1}$$

diventa

$$\frac{2^{3(-1/3)}}{5^{3(-1/3)}} \times \frac{4^{2(-1/2)}}{5^{2(-1/2)}} \times 10^{-1}$$

Quindi

$$\frac{2^{-1}}{5^{-1}} \times \frac{4^{-1}}{5^{-1}} \times 10^{-1}$$

pertanto $(1/2 \div 1/5) \times (1/4 \div 1/5) \times 1/10$

diventa $(1/2 \times 5/1) \times (1/4 \times 5/1) \times 1/10$

$$5/2 \times 5/4 \times 1/10$$
$$(5/2 \times 1/4 \times 1/2)$$

La risposta finale è $5/16$

Domande, risposte e soluzioni su INDICI

Sapore di matematica *Temitope James*

32. Che cosa è $2^{2x-2} = 2^8$?   (a) 2   (b) 3   (c) 4   (d) 5

soluzione

In questa espressione $2^{2x-2} = 2^8$

I 2 si annullano a vicenda su entrambi i lati per darci $2x - 2 = 8$

Poi; $2x = 8 + 2$; $2x = 10$; $x = 5$

La risposta finale è 5

33. Trova x in $8^{1/3} = 2^{x+2}$ (a) $\frac{1}{2}$ (b) -1   (c) 2   (d) $\frac{1}{4}$

soluzione

$8^{1/3} = 2^{x+2}$ diventa $2^{3(1/3)} = 2^{x+2}$

I 2 si annullano a vicenda su entrambi i lati per darci $1 = x + 2$

Pertanto, il valore di x è -1

34. Risolvi $4x^2 \times 12x^4$

(a) $4x^6$ (b) $12x^6$ (c) $48x^6$ (d) $16x^6$

soluzione

Nella legge degli indici

$(4 \times 12)(x^{2+4})$

diventa $48x^6$

Nota: controllare la legge degli indici per chiarimenti

Domande, risposte e soluzioni su INDICI

Sapore di matematica   Temitope James

35. Trova x in $4^x \times 2^{(2x-2)} \times 4^{(x-1)} = 2$

(a) $5/6$ (b) $6/5$ (c) $1/2$ (d) $1/3$

soluzione

L'espressione $4^x \times 2^{(2x-2)} \times 4^{(x-1)} = 2$ è indicato come

$$2^{2x} \times 2^{(2x-2)} \times 2^{2(x-1)} = 2^1$$

I 2 si annullano a vicenda da entrambe le parti per darci

$2x + 2x - 2 + 2x - 2 = 1$ diventa $6x - 4 = 1$

Il valore di x è dato come $6x = 1 + 4$

$$6x = 5$$
$$x = 5/6$$

36. Che cos'è $5^0 \times 1/25 \times 5 \times 25^{1/2}$?   (a) 1   (b) 2   (c) 3   (d) 4

soluzione

quando questa espressione $5^0 \times 1/25 \times 5 \times 25^{1/2}$ Viene fornito

diventa $1 \times \dfrac{1}{25} \times 5 \times 5$

La risposta finale di questa espressione è 1

37. Che cos'è x in $7(6^{x+1}) = 252$?   (a) 1   (b) 2   (c) 3   (d) 4

soluzione

quando questa espressione $7(6^{x+1}) = 252$ è dato

diventa $7(6^{x+1}) = 7(36)$

I 7 si annullano a vicenda da entrambe le parti per darci

$$6^{x+1} = 36$$

Pertanto, $6^{x+1} = 6^2$

I 6 si annullano a vicenda da entrambe le parti per darci

$$x + 1 = 2$$

La risposta finale di questa espressione è 1

Domande, risposte e soluzioni su INDICI

Sapore di matematica *Temitope James*

38. Che cos'è $2^{-2} \times 2^{-1} \times 4 \times 2^{-3}$?

(a) $\frac{1}{4}$ (b) $1/16$ (c) 2 (d) $\frac{1}{2}$

soluzione

$2^{-2} \times 2^{-1} \times 4 \times 2^{-3}$

diventa $2^{-2} \times 2^{-1} \times 2^2 \times 2^{-3}$

Quindi; $2^{-2 + (-1) + 2 - 3}$

$2^{-2 - 1 + 2 - 3}$

2^{-4}

La risposta finale $1/16$

38. Che cos'è $x^{-2} \times 1/x^2 \times 1/y^2 \times y$?

(a) y (b) y^2 (c) $1/y$ (d) $y^2/3$

soluzione

valutare $x^{-2} \times 1/x^2 \times 1/y^2 \times y$ per diventare

$x^{-2} \times 1/x^2 \times 1/y$

La risposta finale $1/y$

40. Semplifica $\sqrt{160x^2 + (\sqrt{81} \times x^2)}$

(a) 13 (b) $1/13x$ (c) $13x^2$ (d) $13x$

soluzione

l'espressione $\sqrt{160x^2 + (\sqrt{81} \times x^2)}$ ci dà

$\sqrt{160x^2 + (9 \times x^2)}$

Quindi; $\sqrt{160x^2 + 9x^2}$

$\sqrt{169x^2}$

La radice quadrata dell'espressione è $13x$

Domande, risposte e soluzioni su INDICI

Sapore di matematica   Temitope James

41. Semplifica $(81^{3/4})/(243^{2/5})$ (a) 1   (b) 2   (c) 3   (d) 4

soluzione

La domanda è espressa in questo modulo

$$\frac{81^{3/4}}{243^{2/5}} = \frac{3^{4 \cdot 3/4}}{3^{5 \cdot 2/5}} = \frac{27}{9} = 3$$

La risposta finale è 3

42. Semplifica $5^{1/2} \times 5^{1/2}$ (a) 5^0 (b) $1/5$ (c) 5   (d) $1/2$

soluzione

L'espressione $5^{1/2} \times 5^{1/2}$ è indicato come $5^{1/2 + 1/2}$

Quindi, diventa $5^{2/2}$

Pertanto, la risposta è 5

43. Semplifica $9^{(x-3)} = 81^{(x+2)}$ (a) 2   (b) -3   (c) 14   (d) -7

soluzione

L'espressione $9^{(x-3)} = 81^{(x+2)}$ è indicato come

$$9^{(x-3)} = 9^{2(x+2)}$$

I 9 si annullano a vicenda da entrambe le parti per darci

$(x - 3) = 2(x + 2)$

Poi: $x - 3 = 2x + 4$

$x - 2x = 4 + 3$

$x = -7$

Domande, risposte e soluzioni su INDICI

Sapore di matematica   *Temitope James*

44. Semplifica $2^{x-1} = 32$ (a) 4   (b) 5   (c) 6   (d) 7

soluzione

L'espressione $2^{x-1} = 32$ è indicato come $2^{x-1} = 2^5$

I 2 si annullano a vicenda da entrambe le parti per darci

$x - 1 = 5$
$x = 5 + 1$
$x = 6$

45. Semplifica $9^{(x-1)} = 81^{(x-3)}$ (a) 2   (b) -6   (c) 5   (d) -8

soluzione

L'espressione $9^{(x-1)} = 81^{(x-3)}$ è indicato come

$9^{(x-1)} = 9^{2(x-3)}$

I 9 si annullano a vicenda da entrambe le parti per darci

$(x - 1) = 2(x - 3)$
Then; $x - 1 = 2x - 6$
$x - 2x = -6 + 1$
$-x = -5$
$x = 5$

46. Semplifica $2^{(x-2)} = 4$ (a) -5   (b) -6   (c) 3   (d) 4

soluzione

L'espressione $2^{(x-2)} = 4$ è indicato come $2^{x-2} = 2^2$

I 2 si annullano a vicenda da entrambe le parti per darci

$x - 2 = 2$
$x = 2 + 2$
$x = 4$

Domande, risposte e soluzioni su INDICI

Sapore di matematica   Temitope James

47. Semplifica $3a^4 \times 6a^3$

    (a) $18a^2$ (b) $18a^7$ (c) $18a$ (d) $18a$

    soluzione

    Nella legge degli indici,

    $(3 \times 6)(a^{4+3})$

    diventa $18a^7$

Nota: controllare la legge degli indici per chiarimenti

48. Semplifica $4^{(x+2)} = 64$ (a) 1   (b) 2   (c) 3   (d) 4

    soluzione

    L'espressione $4^{(x+2)} = 64$ è indicato come $4^{(x+2)} = 4^3$

    I 4 si annullano a vicenda da entrambe le parti per darci

    $x + 2 = 3$

    $x = 3 - 2$

    $x = 1$

49. Semplifica $(a^2 \times b^2 \div b^2)$ (a) b^2 (b) a^2 (c) b^3 (d) a^3

    soluzione

    L'espressione è data come $(a^2 \times b^2 \div b^2)$

    diventa $a^2 \times b^2 \times \dfrac{1}{b^2}$

    La risposta finale è a^2

Sapore di matematica   *Domande, risposte e soluzioni su INDICI*   *Temitope James*

50. Semplifica $(8^{2/3} \times 9^{3/2}) \div 16^{3/4}$

(a) $3\frac{1}{2}$ (b) $13^{1}/_{2}$ (c) $4^{1}/_{2}$ (d) $6^{1}/_{2}$

soluzione

La domanda è espressa in questo modulo

$$8^{2/3} \times 9^{3/2} \div 16^{3/4}$$

diventa

$$2^{3 \cdot 2/3} \times 3^{2 \cdot 3/2} \div 2^{4 \cdot 3/4}$$

Quindi; $2^2 \times 3^3 \div 2^3$; $4 \times 27 \div 8$; $4 \times 27 \times {}^{1}/_{8}$

La risposta finale è $13\frac{1}{2}$

Domande, risposte e soluzioni su INDICI

Sapore di matematica **Temitope James**

1. **D**
2. **D**
3. **B**
4. **B**
5. **C**
6. **D**
7. **B**
8. **C**
9. **C**
10. **C**
11. **C**
12. **B**
13. **C**
14. **B**
15. **C**
16. **D**

Domande, risposte e soluzioni su INDICI

Sapore di matematica   *Temitope James*

17.   **A**

18.   **B**

19.   **A**

20.   **B**

21.   **B**

22.   **C**

23.   **C**

24.   **A**

25.   **B**

26.   **D**

27.   **B**

28.   **D**

29.   **A**

30.   **A**

31.   **B**

32.   **D**

Domande, risposte e soluzioni su INDICI

Sapore di matematica *Temitope James*

33. **B**

34. **D**

35. **A**

36. **A**

37. **A**

38. **B**

39. **C**

40. **D**

41. **C**

42. **C**

43. **D**

44. **C**

45. **C**

46. **D**

47. **B**

48. **A**

Domande, risposte e soluzioni su INDICI

Sapore di matematica *Temitope James*

49. B

50. B

www.ingramcontent.com/pod-product-compliance
Lightning Source LLC
Chambersburg PA
CBHW080448220526

45465CB00007B/2802